数学思维训练游戏

贺　洁◎编著　　哐当哐当工作室◎绘

U0240894

北京科学技术出版社

目录

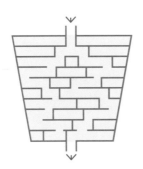

多少个

认识 0 ~ 100。

数一数下面每个盘子里饼干的数量。参照示例，把饼干盘子与相应的数字和汉字小写连起来。

示例

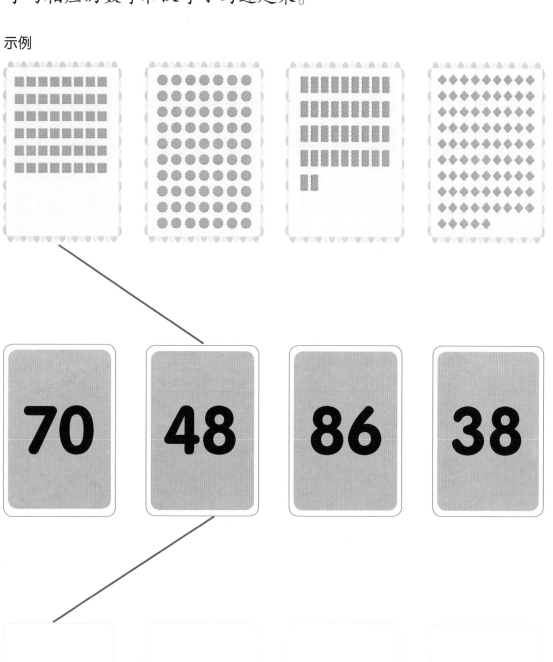

数糖果

熟悉 0～100。学习分组数数。

超市里的售货员正在摆放糖果。请你把下面图中的糖果分别以10块为一组圈起来。数一数，一共有几组？还剩下几块？在方框里填上正确的数字。

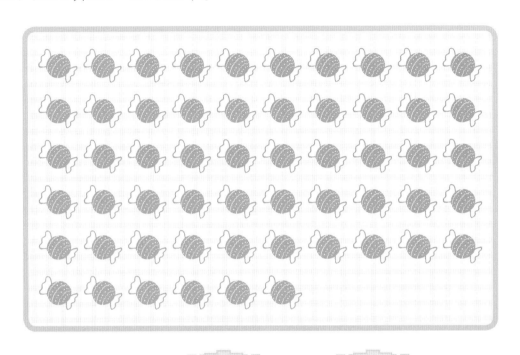

10块一组，共 ☐ 组，剩下 ☐ 块。

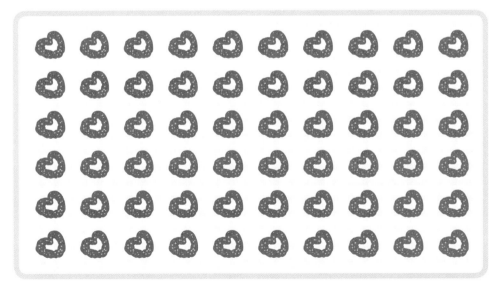

10块一组，共 ☐ 组，剩下 ☐ 块。

小动物们的试卷

练习 100 以内一位数和两位数的加减法。

河马老师给每个小动物都出了一份试卷。下面是它们的试卷，有两个小动物答错了题，请你把错题圈起来。

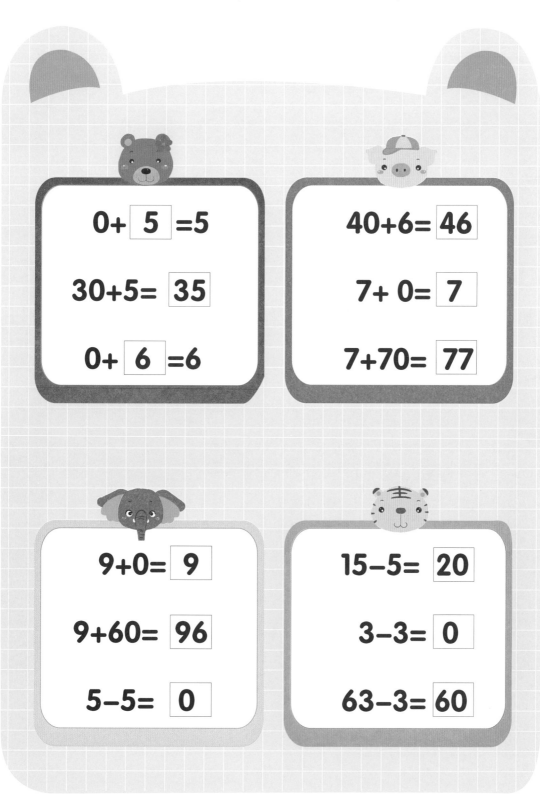

$$0+\boxed{5}=5$$

$$30+5=\boxed{35}$$

$$0+\boxed{6}=6$$

$$40+6=\boxed{46}$$

$$7+0=\boxed{7}$$

$$7+70=\boxed{77}$$

$$9+0=\boxed{9}$$

$$9+60=\boxed{96}$$

$$5-5=\boxed{0}$$

$$15-5=\boxed{20}$$

$$3-3=\boxed{0}$$

$$63-3=\boxed{60}$$

加一加，减一减

练习 100 以内两位数的加减法。

计算下面的算术题。

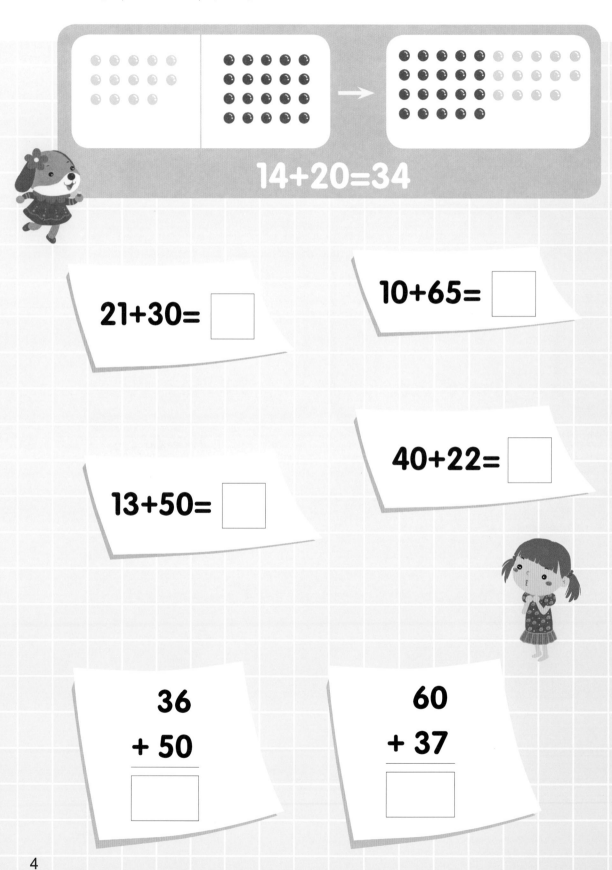

$$14+20=34$$

$$21+30=\boxed{}$$

$$10+65=\boxed{}$$

$$13+50=\boxed{}$$

$$40+22=\boxed{}$$

$$\begin{array}{r} 36 \\ +\ 50 \\ \hline \boxed{} \end{array}$$

$$\begin{array}{r} 60 \\ +\ 37 \\ \hline \boxed{} \end{array}$$

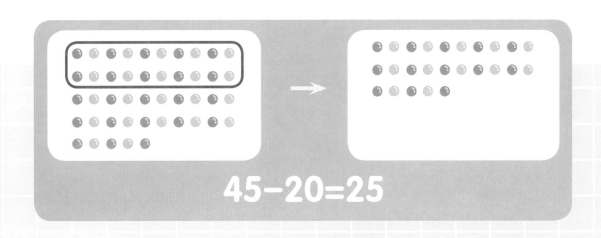

$$45-20=25$$

27−10= $\boxed{}$

32−20= $\boxed{}$

55−30= $\boxed{}$

71−40= $\boxed{}$

$$\begin{array}{r} 63 \\ -\ 50 \\ \hline \end{array}$$
$\boxed{}$

$$\begin{array}{r} 96 \\ -\ 60 \\ \hline \end{array}$$
$\boxed{}$

一共有几个

学习多个相同的数相加，在日常生活中了解乘法的概念。

仔细阅读下面的每个问题，把正确答案写在右边的方框里。

3只青蛙一共有多少条腿？

条

5只鸭子一共多少条腿？

条

4只手一共多少根手指？

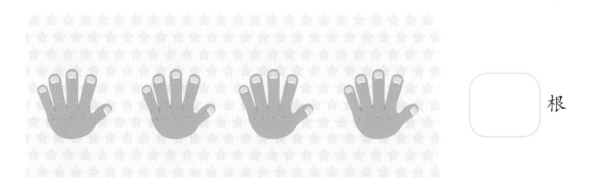

根

分水果

学习把物品平均分成几份，在日常生活中了解除法的概念。

按照要求给小朋友们分水果吧。

把8个苹果平均分给2个小朋友，在盘子里画出相应数量的苹果吧。

把9根香蕉平均分给3个小朋友，在盘子里画出相应数量的香蕉吧。

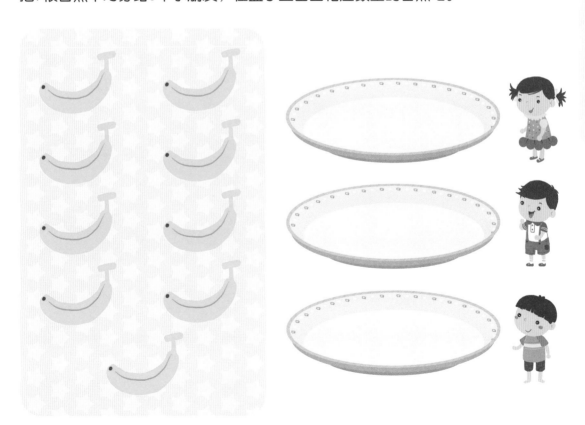

水果礼盒

熟悉乘法的概念，在生活中练习乘法运算。

　　水果店的售货员正在装水果礼盒。数一数每幅图中各有几个盒子，每个盒子里装着几个水果，一共有多少个水果？把相应的数字分别写在方框里。

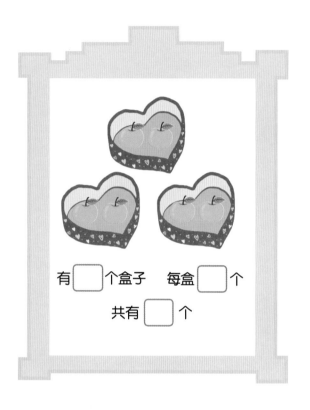

有 ☐ 个盒子　　每盒 ☐ 个

共有 ☐ 个

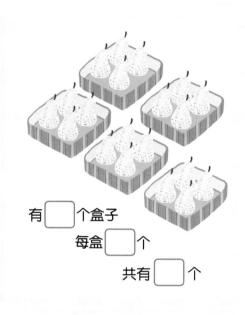

有 ☐ 个盒子

每盒 ☐ 个

共有 ☐ 个

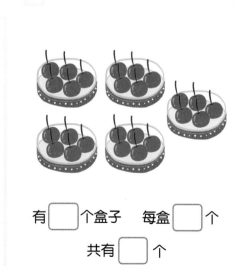

有 ☐ 个盒子　　每盒 ☐ 个

共有 ☐ 个

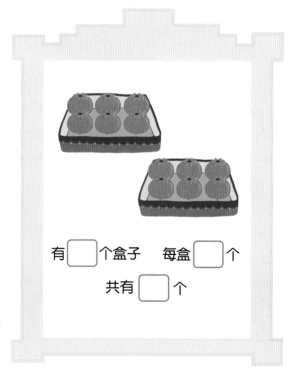

有 ☐ 个盒子　　每盒 ☐ 个

共有 ☐ 个

分一分

在日常生活中练习除法运算。

请认真阅读下面的问题，然后把正确答案写在右边的方框里。

将下面的冰激凌平均分给4个小朋友，每个小朋友能分到几个？

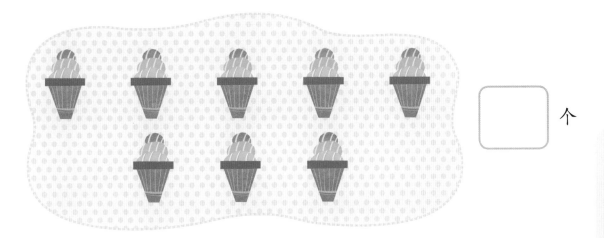

个

将下面的蛋糕平均分给3个小朋友，每个小朋友能分到几个？

个

将下面的葡萄平均分给5个小朋友，每个小朋友能分到几串？

串

数螃蟹

理解按照规律增加，练习运用乘法知识。

下图中，小螃蟹每隔几个数出现一次呢？小鱼又是隔几个数出现一次呢？在方框里填上正确的数字。

1	2	3	4	5	6	🐟	8	9	🦀
11	12	13	🐟	15	16	17	18	19	🦀
🐟	22	23	24	25	26	27	🐟	29	🦀
31	32	33	34	🐟	36	37	38	39	🦀
41	🐟	43	44	45	46	47	48	🐟	🦀
51	52	53	54	55	🐟	57	58	59	🦀
61	62	🐟	64	65	66	67	68	69	🦀🐟
71	72	73	74	75	76	🐟	78	79	🦀
81	82	83	🐟	85	86	87	88	89	🦀
🐟	92	93	94	95	96	97	🐟	99	🦀

🦀 每隔 ☐ 个数出现一次。

🐟 每隔 ☐ 个数出现一次。

好喝的果汁

通过观察容器的形状来比较多少。

小猪和妈妈在家里做了好喝的果汁，并把果汁倒进不同的杯子里。请仔细观察，并回答下面的问题。

下面的3个杯子中，哪个杯子里的果汁最多？把它圈起来。

下面的3个杯子中，哪个杯子里的果汁最少？把它圈起来。

哪个深，哪个浅

了解深和浅的概念。

两个工人在挖坑，谁挖的坑深？把他圈起来。

比一比

练习用"＞""＜"和"＝"比较数量。

下面两组图中，哪边的东西多，哪边的东西少？在圆圈里填上"＞""＜"或"＝"。

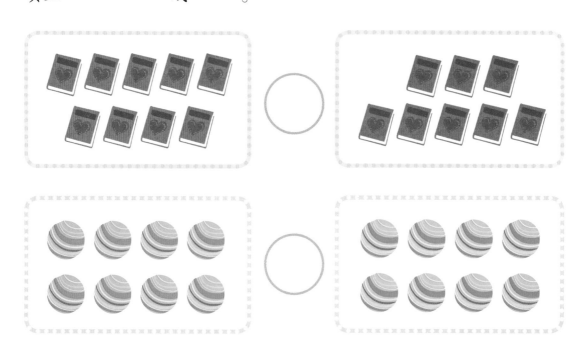

鳄鱼宝宝很贪吃，什么东西都要吃得最多。仔细观察下面两组图，在圆圈里填上"＞""＜"或"＝"。

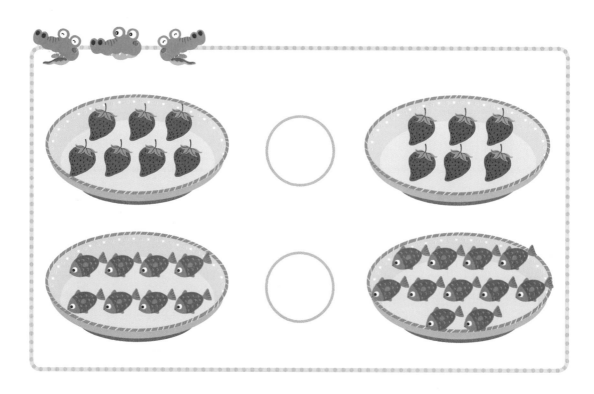

最重的动物

用跷跷板比较重量。理解跷跷板升降与轻重的关系。

小鸡、猴子和大象在玩跷跷板，看一看，哪个动物最重？把最重的动物圈起来。

比轻重

熟悉重量的概念，并会比较轻重。

仔细看图，将每组中最重的物品或人圈起来。

最长的电线

练习比较物品的长度。

下面的图中，哪根电线最长，哪根最短？按照从长到短的顺序在右边的方框里写出序号。

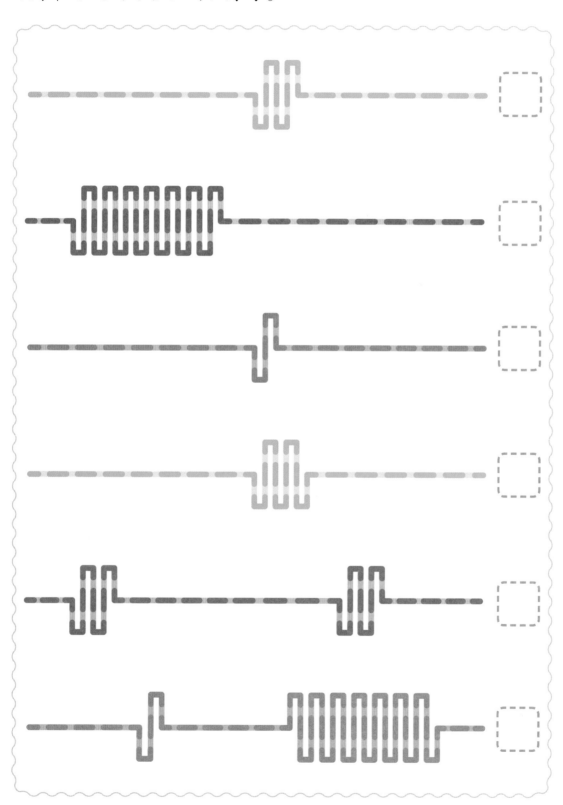

比快慢

比较速度的快慢。

4个小动物赛跑。小鸡说："我比小狗跑得快。"小狐狸说："我比小鸡跑得快。"小猴子说："我比小狐狸跑得快。"请按照从快到慢的顺序把序号写在方框里。

4个小动物在一起吃饭。小乌龟比小河马吃得慢，小猪比小猫吃得慢，小猫比小乌龟吃得慢。请按照从快到慢的顺序把序号写在方框中。

哪种颜色的面积大

理解面积的概念，比较面积的大小。

下面的格子被刷上了4种颜色，数一数每种颜色的格子有多少，把相应的数字写在图下面的方框里，再说一说哪种颜色的格子面积最大。

墙上的温度计

学会看温度计，比较温度的高低。

下面每支温度计表示的温度是多少？把数字写在温度计旁边的方框里，并把温度最高的温度计旁边的圆圈涂成红色。

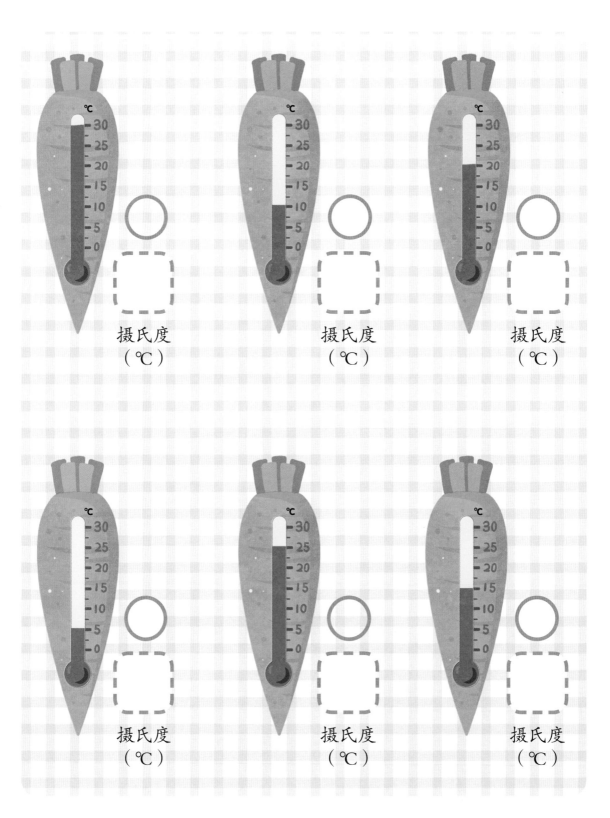

摄氏度
（℃）

摄氏度
（℃）

摄氏度
（℃）

摄氏度
（℃）

摄氏度
（℃）

摄氏度
（℃）

哪个放错了

练习根据某种标准进行分类。

下图每组东西中，都有一个和其他东西不属于同一类，找到它并圈起来。

天天的花手帕

学习按两种标准进行分类。

天天的花手帕上有各种好看的图案。先找出所有的数字图案并圈起来；再把其中含有2的数字按照从小到大的顺序写在方框里。

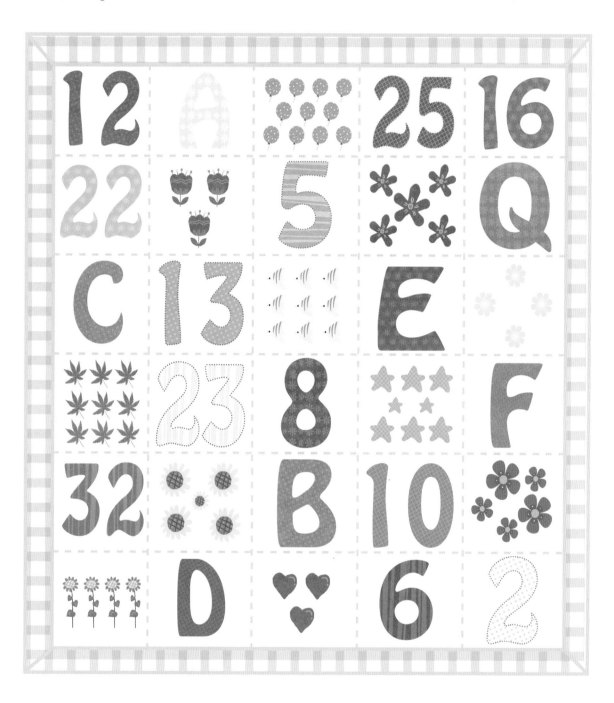

含有2的数字 ☐ ☐ ☐ ☐ ☐ ☐

大树的表情

找规律。找出大树表情的规律，并做出正确的推测。

下面一排大树的表情是有规律的。按照规律，没有画上表情的大树应该是什么表情呢？仔细观察左图，从右边找出正确的一组表情并圈起来。

妈妈的项链

找规律。找出颜色排列的规律，并做出正确的推测。

妈妈有一条漂亮的项链，但是她不小心弄掉了一些珠子。珠子的颜色排列是有规律的，请你仔细找找规律，在○中涂上相应的颜色。

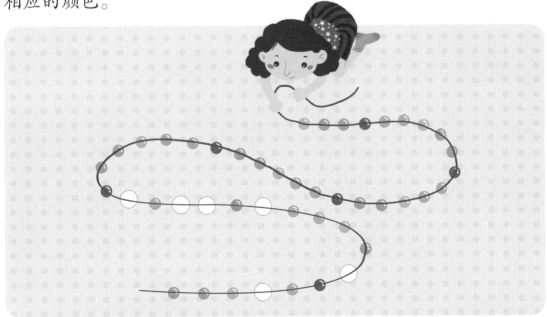

跟妈妈去超市

理解前后的概念。

星期天，妈妈带乐乐去超市买东西。超市里的人真多，收银台前都排起了长队。妈妈的前面排着几个人？把相应的数字写在方框里。

乐乐

人

谁在外面

学会区分里面和外面。

下面每幅图中的小动物，哪些在里面？哪些在外面？把在外面的小动物圈起来。数数在里面的小动物各有几只，把相应的数字写在方框里。

只　　　　　条

只　　　　　只

在幼儿园（一）

理解上和下的概念。

幼儿园里小朋友们玩得正开心。玩同一种游戏的两个小朋友，谁在上面？把他们圈起来。

在幼儿园（二）

理解里外、上下、前后的概念。

小朋友们在做什么？试着说一说，桌子上面有什么？桌子下面有什么？玩具箱里面有什么？玩具箱外面有什么？

24

好玩的圆形

熟悉圆形并用圆形拼成简单的图案。

观察下图中的小动物图案，把图案和它对应的组成部分用线连起来。

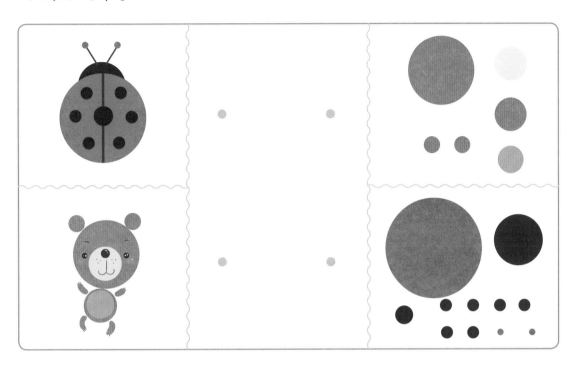

找长方形

熟悉长方形的特点，找出各种长方形的物品。

妈妈把家里收拾得非常整洁。屋子里有哪些东西是长方形的？找一找，沿虚线画一画。

奶奶家的小院子

认识三角形，并从周围环境中找到三角形的物品。

奶奶家的小院子安静又舒适。在图中找一找，哪些东西是三角形的，沿虚线画一画吧。

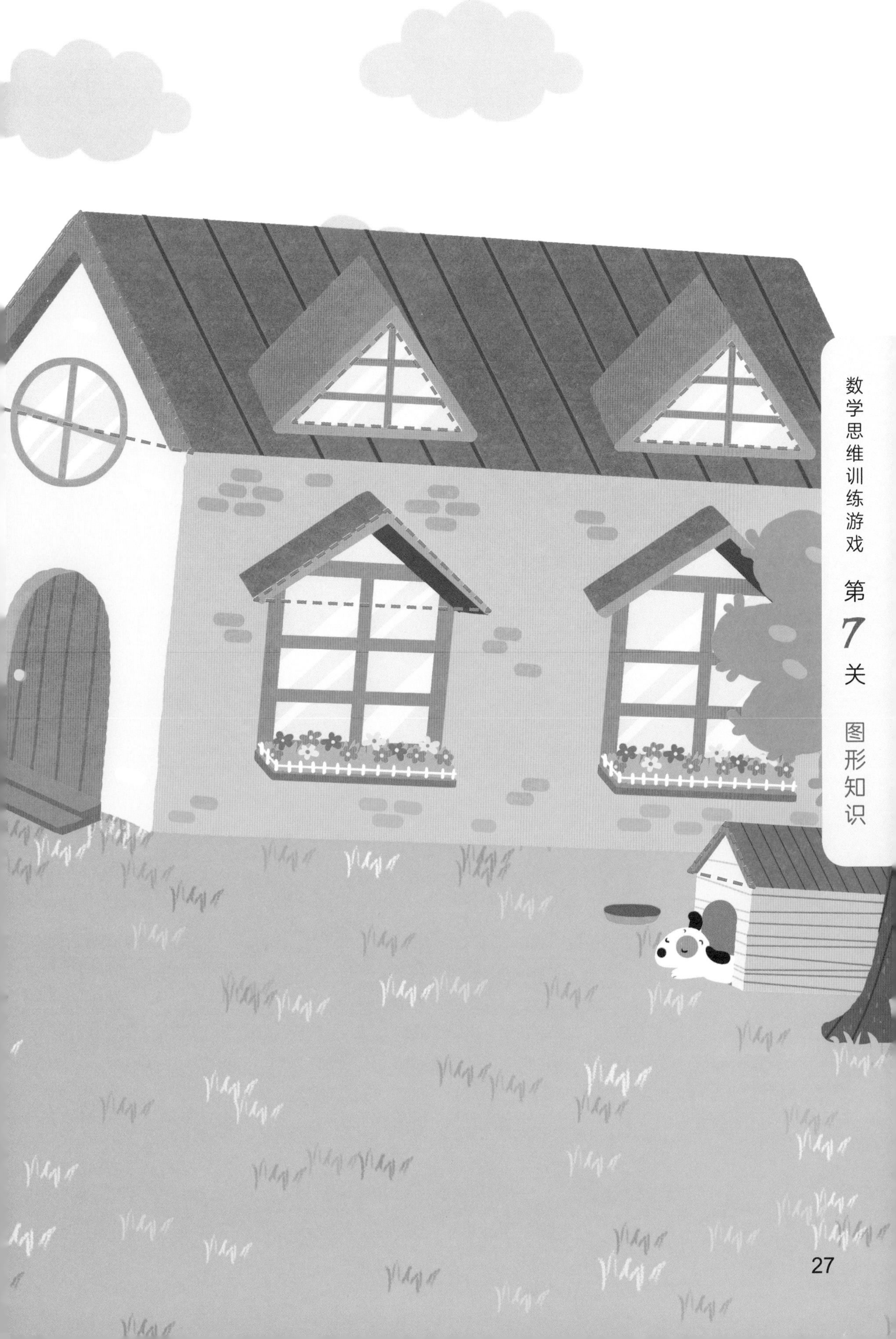

各种各样的形状

按照形状对周围的物体进行分类，熟悉圆形、三角形和长方形。

圆形、三角形和长方形都找不到回家的路了。小狐狸告诉它们，只要跟着和自己形状一样的东西走，就能回家了。请你帮它们画出回家的路线吧。

找图形

从众多的图形中分辨出圆形、三角形和正方形。

拿起彩笔，把下图中有圆形的部分涂成黄色，有三角形的部分涂成橘黄色，有正方形的部分涂成绿色。涂完后，你看到了什么图案？

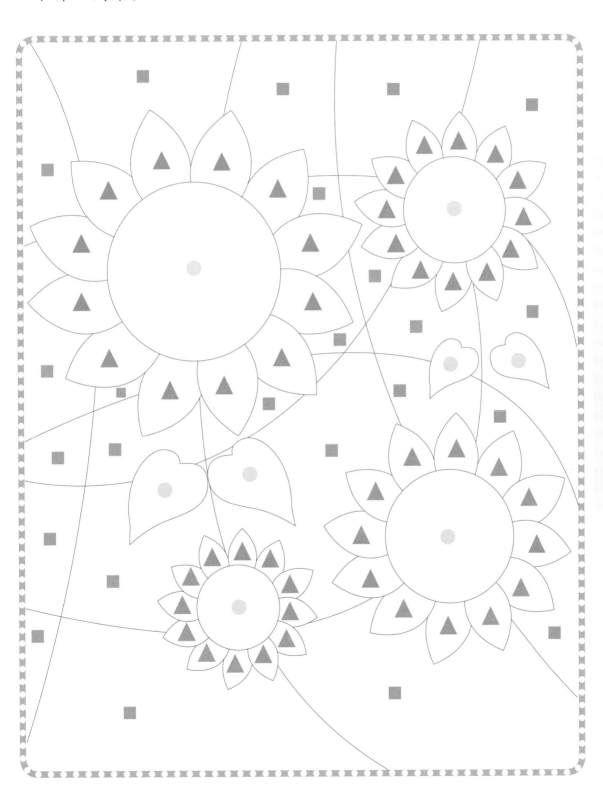

拼图形

观察整体图形，然后找出组成部分，加深对图形的认识。

左边的图形是由右边的哪两个图形组合而成的？把多余的图形圈起来。

搭积木

运用图形拼出不同的图案。

下图中，左边图中的积木可以拼出右边图中的哪个图形？用线把它们连起来。

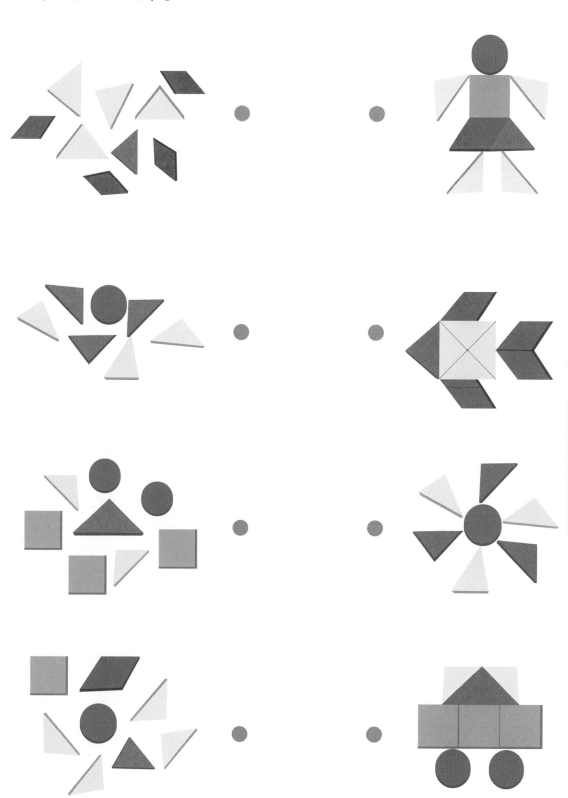

小雨的积木

学习立体图形，认识圆柱和正方体。

小雨有好多积木，请你从中找出圆柱和正方体，并把它们圈出来。数一数它们分别有几个，然后给图下方相应数量的圆柱或正方体涂上好看的颜色。

连一连

理解立体图形和组成它们的平面图形的关系。

上面的三个立体图形是由下面的哪一组平面图形组成的？把每个立体图形和能组成它的那组平面图形用线连起来。

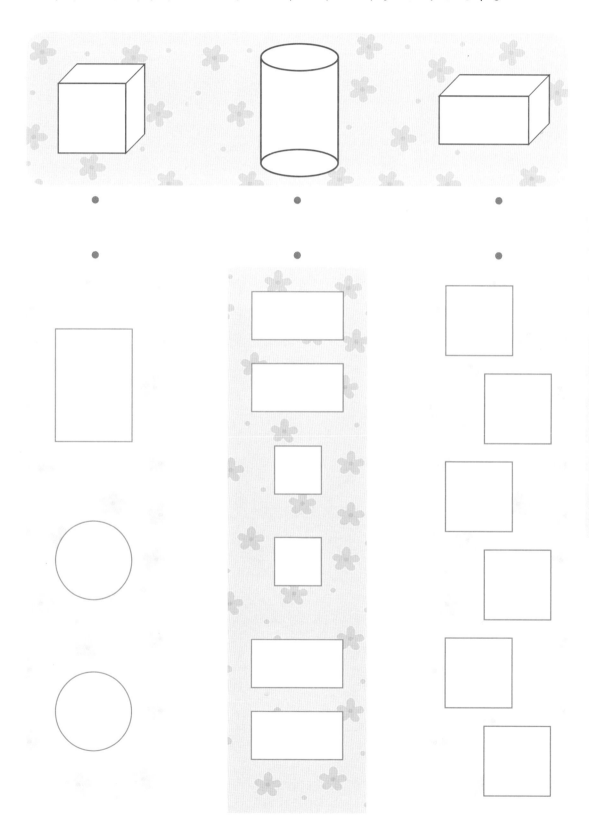

储钱罐

从不同角度观察东西。

每个小朋友都有一个储钱罐。根据小朋友们的描述，找到他们各自的储钱罐，并画出他们走到储钱罐的路线。

我的储钱罐从侧面看是圆形，从上面看也是圆形。

我的储钱罐从侧面看是长方形，从上面看是圆形。

我的储钱罐从侧面看是三角形，从上面看是正方形。

我的储钱罐从侧面看是正方形，从上面看也是正方形。

画出另一半

认识轴对称图形，通过部分认知整体。

观察下面的图形，试着在虚线的右边画出它们的另一半，使两边的图形沿虚线对折后能够重合。

旋转图形

仔细观察各个图形旋转后的位置，理解旋转概念。

左边的图形旋转之后成了右边的样子，你能想到它们是怎样旋转的吗？根据给出的图形，把缺少的图形画出来吧。

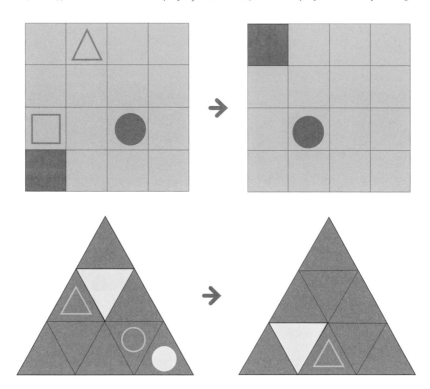

印　画

理解空间对称的概念。

小朋友们在玩印画的游戏。他们在左边的正方形纸上画好图案后，沿着虚线对折并使劲按压，印画就做好了。左边的纸打开后会是什么样子呢？请找到正确的答案并圈起来。

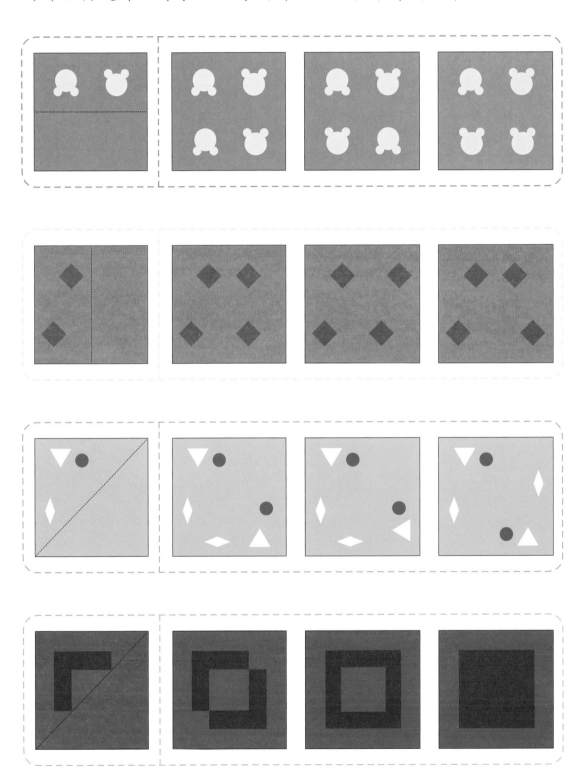

我会看日历

熟悉日历，认识日期。

仔细看下面的日历，并回答问题。

星期日	星期一	星期二	星期三	星期四	星期五	星期六
		1	2	3	4	5
6	7	8	9	10	11	12
13	14	15	16	17	18	19
20	21	22	23	24	25	26
27	28	29	30	31		

数学思维训练游戏 第 8 关 生活应用

◆ 这个月第三个星期五是几日？ ▢ 日

◆ 23号是星期几？ 星期 ▢

◆ 把所有的星期六、星期日的日期都写出来吧。

哪一天

熟悉日历，能算出正确的日子。

6月，我们过得很开心。

6月

日	一	二	三	四	五	六
		1	2	3	4	5
6	7	8	9	10	11	12
13	14	15	16	17	18	19
20	21	22	23	24	25	26
27	28	29	30			

★ 我的生日是6月19日，请把那一天圈起来。

★ 6月19日是星期 ☐ 。

★ 我过完生日之后的第三天，是爸爸的生日，请把那一天也圈起来吧。

小熊的一天

认识钟表，并能按照提示在表盘上画出相应的时间。

小熊每天都按时上学、放学，生活很有规律。下面是小熊一天的作息时间。请你按照每张图下方所写的时间，在钟表上画出时针和分针。

7:00 起床

8:00 上学

数学思维训练游戏　第 **8** 关

生活应用

11:30 吃午饭

13:00 午睡

17:00 放学

几点了

复习关于钟表的知识。

下图中有各种式样的钟表，仔细看一看，把它们显示的时间写在方框里！

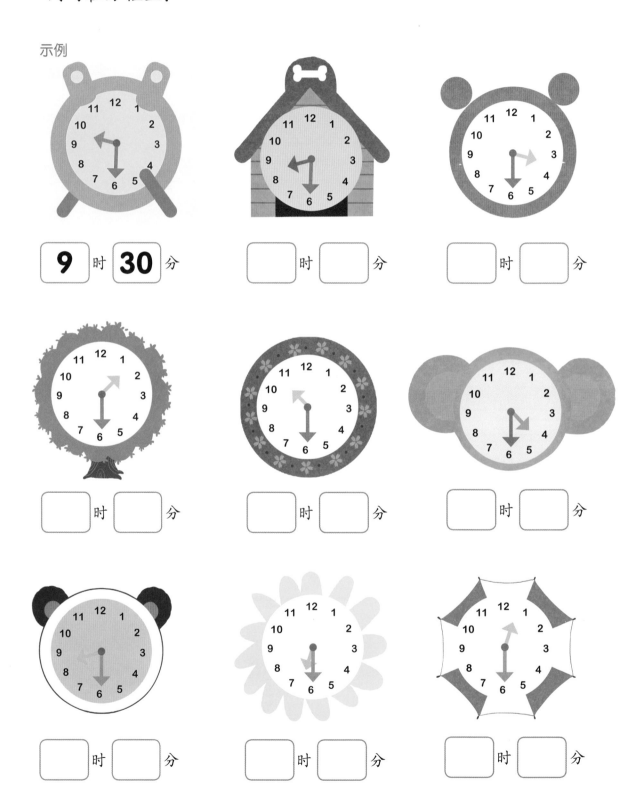

示例

9 时 **30** 分 ☐ 时 ☐ 分 ☐ 时 ☐ 分

☐ 时 ☐ 分 ☐ 时 ☐ 分 ☐ 时 ☐ 分

☐ 时 ☐ 分 ☐ 时 ☐ 分 ☐ 时 ☐ 分

小狐狸的约会

熟悉钟表和日历，能准确快速地说出时间。

今天是9月1日，小狐狸打电话给小熊猫，他们约好时间一起爬山。

小狐狸和小熊猫在什么时间见面？请在日历上找到正确的日期并圈起来，然后在表盘上画出正确的时间。

小熊猫，我们下午2点在山脚下见面，好吗？

好的，不见不散。

它们把见面的时间改到了什么时候？请在日历上找到正确的日期并圈起来，然后在表盘上画出正确的时间。

小熊猫，真是对不起，我家来了客人。我们后天下午1点30分在山脚下见面，好吗？

好的！

玩具店

认识人民币。

玩具店里的玩具真多呀！按照玩具价格，把对应数量的硬币圈起来。

买冰激凌

认识5角硬币。

小熊要吃冰激凌，买哪一个呢？先看看价格吧。按照价格，把买冰激凌需要的5角硬币圈起来。

第1页

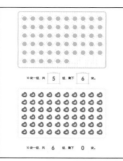

第2页

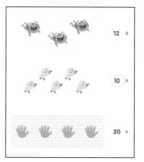

第6页

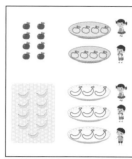

第7页

第8页

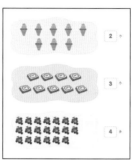

第9页

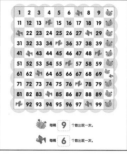

第10页

第11页

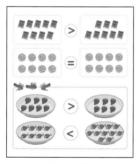

第12页

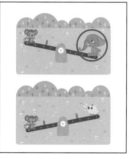

第13页

第14页

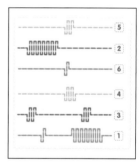

第15页

第16页

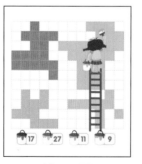

第17页

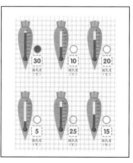

第18页

第19页

第20页

第21页

第22页

第23页

第24页

第25页

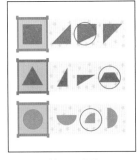

第28页

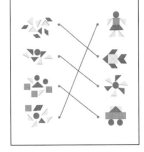

第29页

第30页

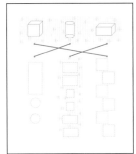

第31页

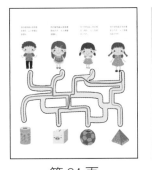

第32页

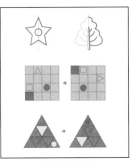

第33页

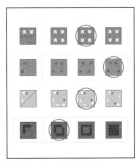

第34页

第35页

第36页

第37页

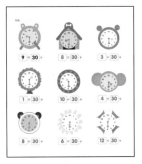

第38页

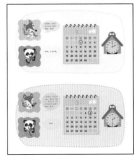

第39页

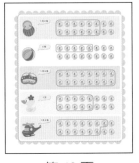

第40页

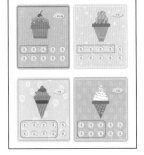

第41页

第42页

第43页

第3～5页答案略
第26～27页答案略

图书在版编目（CIP）数据

数学思维训练游戏 . 下 / 贺洁编著；喔当喔当工作室绘 . —北京：北京科学技术出版社，2021.8（2021.12 重印）
（数学的萌芽）
ISBN 978-7-5714-1538-9

Ⅰ.①数… Ⅱ.①贺… ②喔… Ⅲ.①数学 – 儿童读物 Ⅳ . ① O1-49

中国版本图书馆 CIP 数据核字（2021）第 082992 号

策划编辑：阎泽群　代　冉　李丽娟
责任编辑：张　艳
封面设计：沈学成
图文制作：天露霖文化
责任印制：李　茗
出 版 人：曾庆宇
出版发行：北京科学技术出版社
社　　址：北京西直门南大街16号
邮政编码：100035
电　　话：0086-10-66135495（总编室）　0086-10-66113227（发行部）
网　　址：www.bkydw.cn
印　　刷：北京利丰雅高长城印刷有限公司
开　　本：889 mm×1194 mm　1/16
字　　数：45千字
印　　张：3
版　　次：2021年8月第1版
印　　次：2021年12月第3次印刷
ISBN 978-7-5714-1538-9

定　　价：339.00元（全30册）

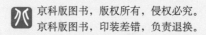